小学生气象科普

气象神探贝贝狗系列 ⑤

河堤决口谜案

朱应珍 著
陈绯旸 绘图

气象出版社
China Meteorological Press

图书在版编目（CIP）数据

河堤决口谜案/朱应珍著.—北京：气象出版社，2012.1
（小学生气象科普.气象神探贝贝狗系列；5）
ISBN 978-7-5029-5332-4

Ⅰ.①河… Ⅱ.①朱… Ⅲ.①气象学–少年读物
Ⅳ.①P4-49

中国版本图书馆CIP数据核字（2011）第224721号

Qixiang Shentan Beibeigou Xilie⑤——Hedi Juekou Mian

气象神探贝贝狗系列⑤——河堤决口谜案

出版发行：	气象出版社
地　　址：	北京市海淀区中关村南大街46号
邮政编码：	100081
总 编 室：	010-68407112
发 行 部：	010-68409198
网　　址：	http://www.cmp.cma.gov.cn
E-mail：	qxcbs@cma.gov.cn
责任编辑：	崔晓军　姜　昊
终　　审：	周诗健
封面设计：	博雅思企划
绘　　图：	肆点半动画工作室　陈绯旸
责任技编：	吴庭芳
责任校对：	永　通
印　　刷：	北京中新伟业印刷有限公司
开　　本：	880mm×1230mm　1/32
印　　张：	3.75
字　　数：	43千字
版　　次：	2012年1月第1版
印　　次：	2012年1月第1次印刷
印　　数：	1—6000
定　　价：	9.00元

本书如存在文字不清、漏印以及缺页、倒页、脱页等，请与本社发行部联系调换

序

少年儿童是祖国的花朵，是国家的未来，特别需要全社会的精心呵护。我国是世界上气象灾害频发的国家之一，在自然灾害中气象灾害占70%以上，而少年儿童又是防御自然灾害最薄弱的环节之一。人们不会忘记，2005年6月黑龙江省沙兰镇一场突发性局地暴雨引发的山洪夺去了107名小学生的生命；2007年5月重庆开县的一次雷击造成7名小学生死亡、几十名学生受伤……这些惨痛的教训，充分印证了加强少年儿童的气象防灾减灾科普教育的重要性和必要性。党和国家历来十分重视少年儿童的防灾减灾科普教育工作，胡锦涛总书记多次强调，要将防灾减灾知识纳入国民教育。因此，防灾减灾从娃娃抓起，使少年儿童树立良好的气象防灾减灾意识，提高自救互救基本能力，非常重要，意义深远。

气象科普是气象科技联系经济社会发展和人民生产生活的重要纽带，也是推动气象事业科学发展，提升公共气象服务能力，发挥气象服务效益的重要途径。气象出版社以气象防灾减灾为主体，组织编写出版《小学生气象科普》系列图书，正是气象事业和出版事业以人为本、服务社会的体现。为此，我感到十分欣慰，也很高兴写《序》，向广大的少年儿童推荐此系列图书。

《小水珠系列》通过两滴来自不同星球的小水珠的偶遇和忽天忽地的结伴旅行及那门变幻莫测、绝伦无比的"气象炮"的神通广大，把许多常人不易明白的天气、天象变化原理，诠释得恰到好处，比如说大多数人都知道台风破坏力极大，但小水珠却因落进了台风眼而安然无恙，这些一波三折故事的叙述，让小读者在担心之中很容易理解其中的气象知识。

《森林村的小气象迷系列》通过小猴子、小梅花鹿、小蜜蜂、小蚂蚁、小恐龙、小灵猫这些比较可爱、孩子们又比较喜欢的动物形象来展现故事情节。这些森林村的小动物在日常生活中总会碰到这样或那样与天气有关的问题，而对同一个问题大家都会根据自己的理解去解释，从而产生出不同的答案。本系列图书在解决矛盾冲突、给出正确答案的过程中，把风雨雷电、阴晴冷暖等枯燥抽象的气象知识活灵活现地呈现在小读者面前。

《气象神探贝贝狗系列》描述了森林村的小动物在生活中遇到的不少难以破解的案例，这些案例有的导致动物死亡，有的造成植物毁坏，有的引发集体生病……气象神探贝贝狗利用自己掌握的气象知识破解了一个个难解之谜。我想这些故事能启发小读者，如何趋利避害合理利用气象知识。

以上图书语言简洁、活泼、有情趣，行文中运用了孩子的口气，不仅能吸引少年儿童，成年人看后，也会意犹未尽。不难看出，作者是在力求吃透气象知识的科学原理，抓住其本质，把气象科普知识以最贴近实际、最贴近生活、最贴近群众的方式展现给读者。希望这些图书能被小读者喜欢，也希望后续品种能越做越好，力求在气象科普宣传战线上出现越来越多的精品图书。

最后，愿借写此《序》之机，希望广大气象工作者认真奉行"以人为本,无微不至,无所不在"的气象服务理念,重视气象科普工作;广大气象科技人员能够多花点时间,创作更多的气象科普图书;气象出版社组织更多的力量,多出气象科普图书,特别是多出精品,常出精品。通过各方面的持续努力,一定会使气象科普根深叶茂,兴旺发达,为人民安全福祉做出新的更大的贡献!

愿气象科普之花在神州大地盛开,芬芳四溢,香满人间!

郑国光

2009年8月1日 于北京

前 言

随着森林村的名气越来越大,想来森林村居住的动物也越来越多,有大型动物,也有小动物,但都是一些表面看起来很温顺的动物。所以,村里原来的居民对新居民的加入都很欢迎,人多热闹嘛。

但是居民一多,不同的习性,不同的性格,在日常生活中,就不可避免地会产生这样或者那样的矛盾,遇到脾气好的动物,大家沟通一下,矛盾就化解了;碰到脾气暴躁的动物,就很有可能发生打架斗殴等刑事案件。不过,动物们常常会碰到一些不是因为动物间闹矛盾发生的案件,而是由于其他原因引发的,叫人摸不着头脑的离奇案件。

为了森林村的和谐与平安,村里特意建立了侦探所,负责人就是最安分守己,并且极其聪明的贝贝狗。他的助手是虽然顽皮，但同样遵纪守法的小狗球球，法医是知识渊博的白猫咪咪。森林村还为侦探所特意配备了一辆汽车，司机是贝贝神探的好朋友小乌龟宝宝。

森林村常发生的那些不明原因的案件，经过贝贝分析之后，认为从表面上看很多都是气象原因引发的。但是，让他更深入地去分析这些原因，他又说不清楚。因此，森林村决定派贝贝到气象学院学习刑侦气象学，掌握如何利用气象知识来破解那些不是人为的，而是气象原因造成的案件。

半年的学习时间很快就过去了，贝贝通过认真学习，掌握了利用气象知识破案的本领，不仅侦破了发生在森林村的一系列错综复杂的案件，也为自己赢得了"神探"的美誉。

朱应珍
2011年10月1日

目 录

雨水引燃了运粮车

2 / 猴子东东帮黑山羊买粮

8 / 雨夜运粮车被烧焦

14 / 寻找纵火犯

22 / 老化的电线是元凶

河堤决口谜案

30 / 梅花鹿的粮仓被淹

36 / 排查掘堤者

41 / 破案线索中断

47 / 河狸水下建房埋隐患

谁是杀害小艾妈妈的凶手

56 / 小艾妈妈突然身亡

62 / 小艾不同意解剖尸体
67 / 谁是小艾妈妈的仇人
74 / 强冷空气和小艾是凶手

疾风暴雨中的惨案

83 / 残疾猴子最开心的一天
89 / 残疾猴子电闪雷鸣中遇害
96 / 悬崖上的黑影是谁
103 / 谁咬死了残疾猴子

雨水引燃了运粮车

猴子东东帮黑山羊买粮

春天的天气真不错，只要太阳肯露脸，气温肯定不会低。今天就是一个大好天，艳阳高照，温度表的水银柱不断往上升。

在外面散步的小灵猫一边擦汗，一边大叫："夏天来了！夏天来了！"

听到叫声的动物们纷纷走出家门，不知道外面到底发生了什么事情。

恐龙西西径直走到小灵猫的面前，摸着他的脑袋："小灵猫，你是不是在发烧呀？你说的夏天是指某个人，还是指季节？"

小灵猫掰开西西的手："你才发烧呢。我说的当然是夏季。"

雨水引燃了运粮车

西西冲小灵猫说:"你有没有搞错,现在才刚刚进入春季。"

小灵猫笑了笑说:"西西,你是不是皮太厚,感觉不到天气热?"

西西告诉小灵猫:"气象上规定,连续五天的平均气温稳定大于22摄氏度,才算进入夏季。"

小灵猫不服气地说:"西西,你少在我的面前卖弄气象知识,我是燕博士的助手,我知道的气象知识可比你多多了。"

西西一副不屑的样子:"你嘴上知道有什么用,就会瞎吹,干脆你改名叫牛吹吹得了。"

小灵猫气得伸手要打西西的嘴巴,西西把头一扬,小灵猫根本就够不着西西的脑袋。

小灵猫气得直跺脚:"臭西西,坏西西,你气死我了。"

正当他们吵得不可开交之时,黑山羊走了过来:"你们吵什么,这么带劲儿。"

气象神探贝贝狗系列

小灵猫生气地说:"西西故意找茬骂我。"

西西急了:"根本不是这么回事,小灵猫胡说夏天来了。"

黑山羊说:"今天确实太热了,但还不能算夏天来了。这天气**又闷又热**,肯定要下雨。"

小灵猫点了点头:"不错。老黑,你急匆匆地干什么去呀?"

黑山羊说:"我们小区现在人丁兴旺,去年存下的粮食已经不够吃。我想让东东赶在雨季到来之前,帮我们买一些**玉米和大豆**。"

西西对黑山羊说:"那你赶快去他家找他呀,怎么跑到村子中间来了?"

黑山羊告诉西西:"我去过他家,家里没人。在猴子小区找了半天也不见他的影子。"

小灵猫在一旁叫着说:"我知道,那

雨水引燃了运粮车

天他说要带儿子去海边游泳,今天天气这么热,他肯定去游泳了。"

黑山羊听了,就掉头往海边走去,果然在海边找到了正带着儿子嬉水的东东。

听完黑山羊的请求,东东说:"没问题。**人是铁,饭是钢**,一天不吃饿得慌。吃完中午饭,我就去帮你们买粮食。"

黑山羊千感谢万感谢地回小区报告这个好消息。东东一看,时间快到中午了,就叫上儿子一起回家,准备吃了午饭,好去帮山羊们买粮食。

中午饭后,东东开着大卡车进城去了。因为路比较远,买的粮食又多,为了赶时间,东东还帮着商家一起装车。装好车之后,东东一路开车的速度说得不好听,应该算有点违章。就是这样紧赶、慢赶,一直到晚上9点多钟才回到森林村。

东东看天色已晚,自己**又累又饿**,根本没劲儿再开到山羊小区去卸粮食。于是,

气象神探贝贝狗系列

他就把车停在离家不远的一个小操场上,锁好车门就回家吃饭、休息去了。

晚上10点不到,外面忽然哗哗下起了大雨。

刚刚躺下来准备睡觉的东东心想:"我回来的真及时,如果在路上遇到这阵雨,还不知道会怎么样呢。幸好我把车厢也盖好

雨水引燃了运粮车

了,不然那一车粮食非遭殃不可。"

心中无事,东东很快就进入了梦乡。这场暴雨一直下到凌晨才结束。暴雨中的森林村似乎很平静,居民们全躲在家里睡觉,没有谁去关心屋外发生的事情。

清晨,恐龙西西一大早就出门锻炼身体,他刚走出家门,就闻到空气中有一股很浓的焦味。西西朝四周看一看,没有发现正在燃烧的东西。

西西心想:"昨晚下了那么大的雨,到处都是湿漉漉的,应该什么东西也烧不起来才对。"

但烧焦的气味还是很重。西西心里又想:"今天我的鼻子是不是出了什么问题,是不是昨天吃坏了什么东西,鼻子过敏了?"

西西想来想去,也找不出原因,便摇摇头,算了,不想它了,去找小蚂蚁南南到

海边玩水去。差不多下了一个晚上的大雨，海边的空气肯定不错，多呼吸一些新鲜空气，鼻子自然就会好的。

当西西穿过小操场旁边的马路时，烧焦的气味更浓了，熏得他呼吸都有些困难。这时，西西才觉得不是自己的鼻子出了问题，应该是什么地方出了问题才对。他顺着烧焦的味道寻找过去，哇！不得了啦！森林村运粮食的汽车被大火烧得面目全非，只剩下一些七歪八斜的铁架子了！

雨夜运粮车被烧焦

西西连滚带爬地跑到附近猴子东东的家，不顾一切地敲打着房门。正在睡梦中的东东被震耳欲聋的敲门声惊醒了。

东东没好气地说："谁呀，大清早也不

雨水引燃了运粮车

让我好好睡觉。敲什么敲，快走开！"

说完，翻了一个身，又闭上眼睛准备睡觉。门外的西西见东东还不来开门，就用更大的力气敲打着房门，一边敲打一边大叫："东东，快开门，快开门呀！我是西西。"

东东在里面不耐烦地叫道："管你西西不西西的，快走开，让我再好好睡一觉。"

西西见东东还不开门，急得**结结巴巴**地叫道："快，快，汽车，车被大火烧没了。"

东东一听汽车没了，**瞌睡虫**立刻跑掉了，连忙起床打开房门。

东东一把抓住西西的衣领："西西，你是不是在**做噩梦**，梦见我们的汽车被大火烧没了？"

西西边摇头，边用手指着汽车的方向："你，你，你……"

东东不高兴地拍打着西西的手："什么你你你，我我我的。我看你真的是在做梦。快回家去吧。"

西西急得直跺脚："嘿，你去看看汽车呀。"

东东这才朝不远处的小操场望过去。哎呀，不得了，汽车怎么会变成废铁了？！这一吓，他的头脑算是完全清醒了，浓郁的烧焦味直冲他的鼻子。

东东一口气跑到汽车跟前。我的妈呀！昨晚停在这儿时好好的，还装有一车粮食的汽车，才过了不到十个小时，现在除了一副

雨水引燃了运粮车

空铁架外,就是**一大堆烧焦的垃圾**。

东东不敢靠近汽车的残骸,一是为了保护现场,另一个原因则是大火还没有完全燃尽,热得让人不能靠近,东东急不可待地掏出手机给贝贝神探打电话。

刚起床的贝贝神探接到东东的电话后,赶快叫醒球球和司机宝宝,带上必需的侦查用品,立即驱车赶往出事地点。

汽车离小操场还有200多米远,鼻子灵敏的贝贝神探就已经嗅到了焦味。宝宝把车停在距离小操场50米远的地方,贝贝神探和球球就下车,**边走边搜寻**,看看有什么线索。

可惜昨晚的雨下得太大,小操场上除了停汽车的位置有黑焦炭和废铁架外,再就是黑焦炭被雨水冲到旁边的小水沟里,留下的**一条宽宽的黑色印迹**,其他的地方都干干净净的,就是在上面打个滚儿,也不会沾上任何灰尘。

球球掏出相机把汽车残骸及其周围都拍

气象神探贝贝狗系列

摄了一遍,贝贝神探则拿出超高倍放大镜围绕汽车残骸仔细查看,但没有发现有价值的线索。

贝贝神探皱起眉头,有太多的疑问出现在他的脑海之中:为什么下大暴雨时汽车会着火,并且烧得如此干净?放火的人是对这辆汽车充满仇恨,还是对这车粮食心怀不满?是对开车的东东泄愤,还是对山羊小区的居民不满意?该从何处下手去解决这些疑问呢?

操场外的东东此刻沮丧地蹲在地上,双手抱着自己的脑袋:"嘿,昨晚把粮食卸到山羊小区的仓库里就好了。说不定就不会起火了。"

见贝贝神探朝自己走来,东东站起来拍着自己的脑袋:"贝贝神探,都怪我昨天太偷懒。如果我回来就把粮食卸下来,把车停到车库,就不会发生火灾了。我真后悔!"

贝贝神探拍拍东东的肩膀:"后悔是没有用的。在问题没有搞清楚之前,不要过分

雨水引燃了运粮车

责备自己了。"

东东点点头，**又叹了一口气**。

贝贝神探问他："你最近开车有没有和谁发生过摩擦，或者得罪过谁？"

东东想了一下说："没有，自从出过事故之后，我开车一直很小心，应该没有和谁发生过摩擦。"

贝贝神探想了想，又问："有没有谁想用你的车，或者想坐你的车，而被你拒绝了？"

东东抓抓脑袋："我一向都是**有求必应**的。"

贝贝神探停了一下又问："有谁知道你去给山羊买粮食这件事？"

东东说："当时小灵猫和西西都在场。"

贝贝神探点点头，让东东保护好现场，然后就和球球、宝宝一起离开了小操场。

贝贝神探让宝宝把车开到山羊小区，几只

山羊正站在小区门口，**叽叽喳喳**大声吵闹。

只听到黑山羊说："谁知道会发生火灾。早知道我们昨晚把粮食卸进我们仓库就没事了。"

看见侦探所的汽车来了，大家围了上来，**七嘴八舌**地问道："贝贝神探找到纵火者了吗？是谁这么没有道德，放火烧了我们的粮食？"

寻找纵火犯

贝贝神探挥挥手让大家安静下来："案件正在调查中，我们来就是想向你们了解情况。"

黑山羊说："贝贝神探，有什么问题尽管问，我们肯定会**知无不言**的。"

贝贝神探问："有没有人对你们山羊小区有意见？或者你们小区的居民和谁结了

雨水引燃了运粮车

仇？"

山羊们你看看我，我看看你，都摇摇头。

黑山羊对贝贝神探说："我们小区的居民都是很温顺的，不可能**跟谁结仇**。如果个别山羊和其他小区的居民吵了架，也不应该把账算到我们小区全体居民头上吧。"

贝贝神探又接着问："你们先想想看，有谁和外面的人吵过架？"

黑山羊看了看大家，然后才说："前几天，小山羊团团为了抢夺一个玩具，和绵羊小瘦打了一架。小瘦的妈妈跑过来指责团团身体这么强壮，竟敢欺负自己瘦弱的孩子，并扇了团团一耳光。"

"后来两家打起来了吗？"

黑山羊摇摇头："没有。团团**哭哭啼啼**回家告状，却被他妈妈骂了一顿，说他不懂事，应该去向小瘦道歉。我想这件事应该不会引发什么矛盾。"

"对于你们小区去买粮食，绵羊们有什

么看法？"

黑山羊想了想，说："应该没什么问题。如果他们的粮食也不够吃，也可以去买嘛。"

球球在一旁说："会不会看你们先买了粮食，他们气不过，故意放把火烧掉它。"

黑山羊大叫起来："他们不会这么不讲道理吧！"

球球又说："会不会是谁偷了你们的一部分粮食，然后为了毁灭罪证，放火把车连同剩下的粮食一起烧掉了？"

黑山羊不相信地说："世上哪有这么坏的人。他想要一点粮食，拿走就是了，我们不会那么小气的。为啥还把剩下的粮食和车一起烧掉。搞不明白，我觉得不可能。"

贝贝神探把脸转向小区居民："大家想想看，森林村谁有放火的嫌疑？"

大家想来想去，觉得这是不可能的事，纷纷摇头。

贝贝神探和球球与山羊们告别后，来

雨水引燃了运粮车

到小灵猫的家里。小灵猫正在看书,见贝贝神探和球球来了,便赶紧放下书,站起来迎接:"贝贝神探、球球,你们好!今天刮的是什么风呀,把你们刮到我这儿来了。"

贝贝神探和球球走进小灵猫的家,找凳子坐了下来。

贝贝神探开口问道:"小灵猫,你早上还没有出过门吧?"

小灵猫笑了笑:"对,我现在养成了早上看书的习惯,所以今天到现在还没有出过门。"

"你听说汽车和山羊们的粮食被烧的事了吗?"

小灵猫瞪大了眼睛:"是不是东东帮山羊小区买粮食的车被烧了?"

球球点点头:"对,就是那辆车。"

小灵猫不相信地说:"不可能吧。谁会干这么缺德的事?"

贝贝神探笑笑说:"你帮我们分析一下,有没有谁可能乘黑夜偷了车上的部分粮食,然后放火烧掉了剩下的粮食和汽车。"

小灵猫低着头推测着："是为了毁灭罪证吗？我们森林村有这么坏的人吗？要有，也只能从吃豆子和玉米的动物中去找。会不会是绵羊干的？"

"你认为绵羊有可能干这种事吗？"

"不好说，也许**心血来潮**就干了。要不要我把绵羊白妞叫过来，问一问看。"

"白妞可靠吗？"

"没事，白妞是个好姑娘，跟我是好朋友。"

看贝贝神探点点头，小灵猫马上掏出手机给绵羊白妞打电话，不一会儿，一只可爱的、浑身雪白的小绵羊跑了过来。

进门看见贝贝神探和球球都在小灵猫的家中，白妞**奇怪地问道**："你们在这儿开会吗？"

小灵猫拉过白妞的手，让她坐下来："贝贝神探想了解一些事情，所以打电话把

雨水引燃了运粮车

你叫过来的。"

白妞把脸转向贝贝神探:"你们想了解什么事情?"

贝贝神探问白妞:"你们小区的粮食够吃吗?"

白妞说:"应该不成问题。去年进入

秋季后，只要天晴，我们小区的居民就去储备干草和玉米、大豆，现在还存有很多粮食。"

"山羊小区昨天买了粮食，你们议论过吗？"

"我们有议论，觉得山羊没有我们绵羊勤劳，所以储备的粮食不够吃。大家还说，我们可不要像他们那样偷懒，**只有劳动才有饭吃**。"

"有没有谁想过要偷山羊买的粮食呢？"

"偷粮食干吗？自己的都吃不完，还去偷别人的？那真是**吃饱了撑**的。"

"有没有谁觉得山羊们太懒，故意放火烧掉他们的粮食，好让他们以后更勤快一点。"

白妞急了："不可能，我们小区的居民经常进行**遵纪守法**的教育，没有谁会去干这种犯法的事。这点我可以保证。"

雨水引燃了运粮车

贝贝神探点点头，感谢白妞对侦探工作的大力支持。

白妞笑嘻嘻地向大家挥挥手："别客气，这是我应该做的。"说完，就蹦蹦跳跳离开小灵猫的家，回自己家去了。

贝贝神探想了想，说："小灵猫，你在森林村是个活跃分子，消息灵通，可以称为'包打听'了。"

小灵猫不好意思地摸摸自己的头："我可没有打听别人的隐私啊，只是对大路消息知道得比较多一些，而对小道消息知道得并不多。"

贝贝神探笑笑说："别客气，在你的脑海里，有谁对东东或者他开的汽车有意见？"

小灵猫想了想说："就我知道的，西西就对汽车有意见。"

老化的电线是元凶

贝贝神探很奇怪地问道:"为什么?"

小灵猫说:"西西说汽车会增加森林村上空的温室气体,**污染大气**,让我们的生活变得不美好。"

"那他有没有说过什么过激的话?"

"是不是那些什么要砸烂汽车之类的狂语?没有,没有,西西不是那种容易冲动的人。"

球球抢着说:"西西**绝对不会**干那些违法放火的事,怀疑谁也不应该怀疑到他的头上。"

贝贝神探说:"我并没有怀疑西西,只是调查一下情况而已。另外还有人对汽车不满意吗?"

小灵猫说:"我没听到有谁发过牢骚,

雨水引燃了运粮车

有汽车出门还是方便多了。有车坐谁都高兴,只有西西这个史前动物才喜欢走路。"

贝贝神探摇摇头:"小灵猫,谈到西西你不出三句,就要损他,太过分了吧。"

小灵猫很不好意思地说:"嘿,我以后一定注意。其实我和西西是最好的朋友,我很喜欢他。"

贝贝神探和球球与小灵猫道别后,又回到现场,仔细查找火源,看看这个火最先是从什么地方烧起来的。

贝贝神探掏出放大镜爬到汽车残架下面,一点一点地查看,想从汽车残留的废铁架上找到起火的根源。果然,功夫不负有心人,从火苗喷射后在铁架上留下的痕迹,贝贝神探推断火应该是从车厢烧起来的。

贝贝神探从残架下爬出来,坐在一旁深思起来:如果是从车厢上烧起来的话,昨晚的暴雨一定会把火浇灭的,只有从车厢底下

烧起来，才不容易被雨水浇灭。

贝贝神探让球球去端一大盆水来，并搬来一架大梯子靠在汽车架子上，让球球站在梯子上面慢慢往下倒水。从上面流下来的水在车厢上四处飞溅，就连车厢底下也不能幸免。

贝贝神探又想："昨晚那么大的雨，如果车厢底下先着火，开始着火时，火势不会太大，溅起来的雨水应该会把火给扑灭，为什么没有扑灭呢？难道是车厢内先着火，因为雨水浇不到，所以才会烧得一塌糊涂？"

想到这儿，贝贝神探让球球去找一辆吊车，把卡车的铁架吊开，然后仔细查找那堆粮食被烧后的焦炭。焦炭被雨水冲走了不少，剩下的差不多还有2立方米左右的一大堆。

球球拿出活动小铁铲，按照贝贝交代的那样，把焦炭堆慢慢从中间分开，当剩下的焦炭不多时，贝贝神探让他停下来，自己接过铲子，从焦炭的中间部位清理出一块可以

雨水引燃了运粮车

站脚的地方。

贝贝神探蹲在刚清理出的地方，用小棍子轻轻拨开一层层的烧焦的粮食，很快发现了一块硬硬的黑色的东西，用棍子捅也捅不动。

贝贝神探戴上手套，把这团东西拿起来，嗅了一下。嗯，好浓的烧胶皮味道。他把这团东西装进证物袋交给球球，让他尽快送到咪咪法医那里化验。化验结果很快就出来了，这是电线燃烧后留下来的残渣。

贝贝神探看过化验结果后，离开火灾现场来到东东的家。东东正坐在凳子上**冥思苦想**：这场火到底是谁放的呢？

看见贝贝神探走过来，东东赶紧迎上去问道："贝贝神探，查出纵火犯了吗？"

贝贝神探摇摇头："东东，你的汽车是不是很久没有检验了？"

东东点点头："是的。因为这个车的性能很好，一直没有出现什么问题，所以我有好几年没有验车了。"

气象神探贝贝狗系列

贝贝神探问:"汽车电线会不会老化?"

东东说:"电线用久了是会老化,不过,电线老化应该不会**引起大火**吧。何况锁车拔出车钥匙后,线路也跟着关闭了,没有电怎么会起火?"

贝贝神探想了想,觉得东东说的有道理。难道还有**其他的原因**?

回到侦探所,贝贝神探打开电脑,查看有关汽车的知识,终于有了一个重大的发现:某地曾经也发生过类似的火灾,原因就在年久失修的汽车上。

贝贝神探打电话把东东叫到侦探所,并告诉他已经**找到凶犯**了。听到消息的小灵猫、西西及山羊小区的居民们都一起赶到侦探所。当听到贝贝神探说,这次火灾的元凶是汽车已经老化的电线时,大家都**目瞪口呆**。

小灵猫首先回过神来:"那么大的雨,为什么没有把火浇灭?"

雨水引燃了运粮车

贝贝神探解释说:"其实大雨也是**元凶之一**。就是因为雨水溅到了老化的电线上,造成电线短路才起火的。所以,先着火的地方是电线。"

小灵猫摇摇头:"你们怎么知道是电线先着火?"

球球说:"火会把四周的粮食点燃,粮食烧焦后从车厢上塌下来盖住了最先的着火点。我们从那堆黑焦炭的中间找到了燃烧后

的电线残渣。"

东东**不相信地**说:"我已经停车,并且拔掉了钥匙,电线怎么还会短路?"

贝贝神探告诉东东:"网络上报道过这样一起火灾。虽然已经停车,但电瓶中还残存有微量的电流,它们依然在电线中流窜。"

东东不解地说:"残留一点电流有何关系,电线外还包着一层不导电的绝缘体呢。"

贝贝神探**生气地**说:"就是因为你的汽车很久没有检验,电线外的绝缘体已经破损,雨水刚好溅到破损处,才引发这场火灾。"

小灵猫在一旁说:"这次火灾除了破损的电线,应该还要算上老天一份才对。"

贝贝神探提示大伙:"天要下雨这是免不了的事,如果我们能**注意防范**,这次火灾就完全可以避免了。东东,你说是吧?"

东东沮丧地坐到地上,拍拍自己的脑袋:"怪我偷懒。如果能坚持每年给汽车检查一次,这场火灾就不会发生了。"

河堤决口谜案

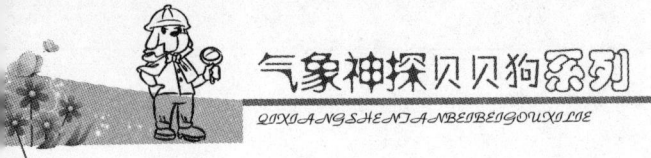

梅花鹿的粮仓被淹

  流经森林村的那条河流的上游，长着一片很茂密的灌木林，这里的嫩枝和叶子是梅花鹿最爱吃的食物，大家都说这里是梅花鹿的**天然粮仓**。

  梅花鹿小区的居民不但把这片灌木林当粮仓，更把它当成自己的领地。不仅仅是肚子饿了才来这儿吃饭，还会来这儿劳动，比如栽种更多的灌木树，给树施肥等。就是因为有了他们的**辛勤劳动**，这片灌木林的面积才会越来越大，一年四季几乎都是郁郁葱葱的。梅花鹿们为这片灌木林付出了心血，

河堤决口谜案

也特别地自豪和爱护它。

　　进入春季以来，天气一直是晴雨相间，只有前两天的雨下得比较大。今天可是个大晴天，一早，梅花鹿北北就邀请兄弟姐妹一起去灌木林游玩、劳动。当大家**兴高采烈**来到灌木林时，不禁大吃一惊：整个灌木林区全被水淹没了！

气象神探贝贝狗系列

北北朝河流的方向看去，河堤好像塌了一块，河水正源源不断地流向灌木林。

北北马上跟兄弟姐妹们说："不好了，有人在搞破坏，故意挖开河堤，让水流进我们的粮仓，想置我们于死地。"

大家一听火冒三丈，纷纷叫道要找出罪犯，严惩不贷。北北掏出手机给贝贝神探挂了一个电话。

接到电话的贝贝神探和球球立即坐上汽车，赶往河流上游的灌木林区。离灌木林差不多还有100米时，一群梅花鹿就蜂拥而至。贝贝神探和球球赶紧下车迎上大家，询问到底发生了什么事情。

北北作为梅花鹿的代表上前握着贝贝神探的手说："贝贝神探，这次您可要尽心尽力破这个案啊。"

球球上前拍了一下北北的后背："北北，你这话是什么意思，难道贝贝神探每次破案都不尽心吗？"

河堤决口谜案

北北赶快**双手作揖**:"对不起,这是口误。我不是这个意思,我只是想恳求贝贝神探和您能尽快找到罪犯,好还给我们梅花鹿小区一个安全的粮仓。"

贝贝神探回过头对球球说:"你不要钻北北的空子,他们是**心里着急**,不要乱责怪他们。"球球不好意思地低下头。

贝贝神探转向北北问道:"到底发生了什么事?我看你们的情绪都很激动。"

北北用手指指灌木林的方向说:"有人挖开了河堤,河水把我们的粮仓全淹了。"

贝贝神探问:"你们有没有看到是谁挖开了河堤?"

北北摇摇头:"没有,前两天下雨,我们都没有出门。我看今天的天气不错,就叫上大家一起来整理灌木林,这才发现出了大事。"

"以前碰上下雨天,这儿被淹过吗?"

北北还是摇摇头:"比前两天更大的下雨天,这儿都没有被淹过,所以这片灌木林

才会长得这么好。"

贝贝神探又问:"那你们小区的居民有没有和谁发生过**争抢地盘**的事,或者和谁发生过矛盾?"

梅花鹿们你看看我,我看看你,一起摇摇头。

北北说:"你说的问题应该没有。"

贝贝神探笑笑说:"别那么快就否定,再好好想想,是否有谁对你们的粮仓有意见?"

北北想了想还是**摇摇头**。

这时,一只小梅花鹿走上前来:"我觉得有**可疑分子**。"

北北看了他一眼:"你这个小孩懂什么,不能乱怀疑别人。乱说话会判诬陷罪,或者名誉损害罪的。"

听北北这么一说,那头小梅花鹿吓得赶紧躲到一只大梅花鹿的身后去了。

贝贝神探有些生气地对北北说:"你这

河堤决口谜案

是什么意思？为什么恐吓这个小孩？"

球球接过话题对北北说："北北，是不是你已经知道罪犯是谁，想故意**包庇罪犯**？"

北北吓得直哆嗦："不是这么回事，不是这么回事。我是怕小孩子不懂事，乱说话扰乱你们破案的思路，误事。"

贝贝神探大声对所有在场的梅花鹿说："你们不要有所顾虑，我们现在只是在**调查情况**。在没有证据的情况下，我们绝对不会乱断案的。希望在场的各位有什么情况都能向我们反映。"

贝贝神探说完停了一下，观察了观察大家的情绪，**接着说**："你们所反映的情况，我们还要进行深入调查，而且会保护反映情况的人。"

当贝贝神探说完以后，球球走向梅花鹿群，牵着那头小梅花鹿的手，把他领到贝贝神探的跟前。

谁是掘堤者

贝贝神探摸摸小梅花鹿的头问道:"小朋友,你听到过什么话,或者发现谁干过什么,可以告诉我吗?说不定你提供的情况,能帮助你们小区找回一个安全的粮仓,那可就立了一个大功了。"

小梅花鹿说:"我也不知道这件事能不能帮上您的忙,是我们在玩耍时,大东说的话。"

贝贝神探耐心地问道:"谁是大东呀?"

球球在一旁解释道:"大东是猴子东东的大儿子。"

贝贝神探点点头:"啊,原来是东东的大儿子。他跟你说了什么?"

"那天,我在灌木林玩,大东在那边的果

河堤决口谜案

树上玩。"说完，小梅花鹿用手指了指灌木林旁边一棵**枝叶茂盛**的苹果树。

"你们有过争吵吗？"

"也没有什么争吵。我对大东说，看我们的灌木林长得多好。"

"那大东跟你说什么了？"

"大东说灌木林长得好也只能吃嫩枝和

气象神探贝贝狗系列

叶子,没什么味道,而果树的果实吃起来**又甜又香**。"

"你就和他吵起来了?"

小梅花鹿摇摇头:"我说水果再好吃,果树一年才结一次果实。现在这个季节,你只能看果树开花,吃不到水果。而我们一年四季都可以吃到**嫩枝和叶子**。"

贝贝神探笑了:"你很聪明。不过你这样一说,大东一定很生气。"

小梅花鹿说:"没错,大东可生气了。他说要把我们的灌木林全部砍掉,把这儿全种上果树,看我到哪里神气去。"

北北听小梅花鹿这样一说,也想起了一件事。于是插嘴说:"贝贝神探,小家伙的话倒提醒了我一件事,那还是在去年的夏天,我们梅花鹿小区的居民在这里边劳动,边吃嫩叶,那时的灌木林**郁郁葱葱**,长得可爱极了。当时东东到旁边的果园查看果树结果的情况。"

河堤决口谜案

球球说:"去年好像是果树结果的小年。"

北北点点头:"对,看到果树结果很少,有的树上才结了小小的十几个果实,东东很**沮丧**。"

球球说:"他就不想想在大年时,果树上果实累累,枝条都压弯了的情景,小年有什么好沮丧的。"

北北说:"当他看到我们在**兴高采烈**地劳动和采吃嫩叶时,就说:'看你们这群梅花鹿这么开心,我真是嫉妒你们!'"

贝贝神探回过头来看着大家:"你们还有什么情况吗?"梅花鹿都没有吭声。

贝贝神探对梅花鹿说:"你们反映的情况很重要,我们一定会**仔细调查**的。如果再发现什么新的情况,就打电话或者到侦探所来告诉我们。"

北北说:"知道了,我们一定协助你们尽快把破坏粮仓的罪犯抓出来,还我们自己一个安全的粮仓。"

气象神探贝贝狗系列

贝贝神探和球球离开被水淹没的灌木林，来到猴子东东的家附近，向周围的邻居了解这几天东东一家的**活动情况**。下雨的这两天，大家都没有走出过小区的大门，最多在左邻右舍家串串门，聚在一起打打扑克。东东可爱玩了，每次打扑克都少不了他的份儿。而大东就和小区里的孩子们一起在电脑上玩**猜字谜**的游戏，他们玩得可带劲了，连吃饭都叫不回去。

今天天气晴好，几个孩子一起到海边堆沙雕去了，还是东东开车送他们去的。看来这家人都不具备**作案的时间**。

球球找到猴子小区大门上的监控摄像机，把里面的**资料**调出来仔细查看了一遍，情况确实跟大家说的一样，下雨的这两天，没有谁出过小区的大门，今天一大群孩子坐上东东的车出门了。

河堤决口的问题到底出在哪儿呢？贝贝

河堤决口谜案

神探决定找几个**阅历丰富**的居民开一个座谈会，三个臭皮匠顶一个诸葛亮嘛，看看能不能找到新的线索。

很快，贝贝神探请的燕博士、小灵猫、梅花鹿北北都来到侦探所的办公室，贝贝神探热情地接待了他们。然后，他简要地把灌木林被水淹没的事通报了一下。

破案线索中断

刚通报完，燕博士就开口了："不会吧，这两天的降雨量最多是**大雨的量级**，怎么会涨那么大的水，把河堤冲毁呢？就是连降几天的暴雨，也不可能把上游的灌木林淹没呀。"

小灵猫接着说："对，我们这儿的河流是通向大海的，要涨大水可不太容易，并且，下游并没有涨大水的痕迹。"

贝贝神探说："所以叫大家来讨论一下，是什么原因导致河堤决口，灌木林被淹的。"

北北赶紧问道："我们上午反映的情况，你们调查了吗？"

球球抢着说："我们已经调查过了，那个小区的居民都没有作案时间。"

小灵猫好奇地问道："你们是怀疑有人作案吗？前两天一直下雨，是什么时间作的案？"

贝贝神探说："就是因为降雨量不大，所以才怀疑是人为造成的。根据被淹的情况分析，应该在第一天下雨时，河堤就决口了。"

小灵猫问："能看到缺口吗？是什么形状的口子？"

球球说："现在水还没有退去，看不出缺口的形状。"

小灵猫说："那为什么不把水抽掉

河堤决口谜案

呢？"

贝贝神探点点头，让球球把快速抽水机调过来装上汽车，与燕博士、小灵猫、北北一起来到灌木林区。球球把快速抽水机装好，粗大的管子很快就将灌木林中的水抽掉了，但很难抽干净，因为河流中的水还在不断地从缺口处往灌木林中流淌。

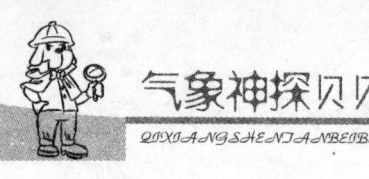

气象神探贝贝狗系列

球球从车上找来一块很厚的塑料布,挡在河流的决口处,四周压上石块,河水不再往灌木林中流了。

大家来到缺口处,仔细查看河堤的情况,河堤的上半部分是由小块的石头垒起来的,下半部分则是由**泥土夯实**的。洞口在泥土和石头连接处较大,上面较小,整个缺口看起来好像一个葫芦。

燕博士看过后说:"这个缺口好像先是在连接处出现了洞,然后被水越冲越大的。"

贝贝神探点点头:"没错,看起来是这样。但为什么连接处会出现漏洞呢?"

球球说:"**显而易见**,肯定是人搞破坏,预先在这里挖了一个洞。"

小灵猫想了想说:"会不会是有人无意之中戳出了一个洞?"

贝贝神探问:"小灵猫,你是不是已经有什么线索了?"

河堤决口谜案

小灵猫说:"我想是不是有谁在这儿游泳时,不小心戳了一个洞。"

球球着急了:"小灵猫,**别卖关子了**,有什么就说什么吧。"

小灵猫不好意思地摸摸头:"恐龙西西很爱游泳,他的个子比较大,尾巴可有劲了。是不是他在这儿游泳时,不小心把尾巴甩到河堤,戳了一个小洞。下雨后,河水冲击河堤,这个洞越冲越大,水就流出来淹没了灌木林。"

球球**怀疑地**看着小灵猫:"我觉得你说得有点玄,不太可能发生。并且,你好像总是跟西西有些过不去,只要森林村一出现问题,你总想把西西牵扯进来。"

小灵猫有些生气:"球球,不是我跟西西过不去,是你跟我过不去。"

贝贝神探赶快劝开他们俩:"好了,别争吵了。玄不玄的咱先不说,先打个电话问问

西西就行了。"

球球掏出手机拨了西西的电话,西西接到电话时还以为球球要和他一起出去玩。

球球问:"西西,你前几天有没有到小河里游过泳?"

西西说:"我很少到小河里去游泳,因为小河的水是森林村居民的**饮用水**,不能污染了。"

球球接着问:"有没有在有灌木林的上游河段游过泳呢?"

西西说:"那就更不可能了,在上游玩水,下游的居民肯定饮不到**干净水**。我绝对不会在上游玩水的。"

由于球球用的是免提放大键,在场的人都听明白了。这条线索是没有希望了。小灵猫和燕博士都提供不出更多的线索,便告别了贝贝神探和球球,回家去了。

河堤决口谜案

河狸水下建房埋隐患

贝贝神探决定到河流两岸的居民中去走访一下,看看有什么**线索**。但走访了一大圈,什么线索也没有。

贝贝神探和球球坐在河岸边沉思,望着流淌的河水,脑袋中一片空白。正在天空中飞翔的喜鹊看见了他们,便在他们身旁的石头上停了下来。

贝贝神探看见喜鹊停在身边,便**热情地**与她打招呼:"喜鹊,你好。好久不见,身体好吗?"

喜鹊**笑嘻嘻**地回答道:"谢谢,我很好。你们干吗坐在河边发呆?"

贝贝神探皱着眉头说:"前两天下大雨,因为河堤决口,梅花鹿的灌木林被河水

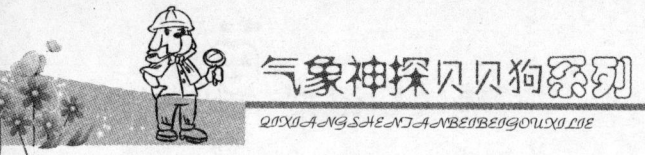

淹没了，我们是来调查的。"

喜鹊问："查出罪犯了吗？"

"还没有，我们想了解前一段时间有谁在这一带活动过，但没有查到。"

喜鹊说："我倒有个情况，不知对你们破案是否有帮助。"

贝贝神探惊喜地说："那你快说说看。"

喜鹊想了一下："那是在十天前，我从空中看到河狸在这里挖土。"

球球问："你没有看错吧？"

喜鹊肯定地说："没有，我还飞下来停在树上看了一下。"

球球在一旁问："有这么回事？河狸是刚搬到森林村不久的居民，怎么一来就搞破坏。"

贝贝神探摇摇头："不会是故意搞破坏吧。这样，我们先去找河狸调查一下，看到底是怎么一回事。喜鹊，谢谢你提供的线索。"

河堤决口谜案

喜鹊向他们挥挥手,就飞走了。

贝贝神探问球球:"河狸住在哪个小区?"

球球摇摇头:"不知道。要不我们先上车,边走边打听。"

上车以后,贝贝神探问宝宝是否知道河狸的住处。

宝宝点点头:"我知道。河狸就住在距缺口100米左右的**河的下游**。"

球球惊讶地问道:"河狸的家就在河里?"

宝宝说:"没错。我们把车开到河狸家附近,再打他的电话。"

贝贝神探说:"行,就这么办。"

汽车很快就开到了目的地。河狸在电话里高兴地邀请贝贝神探他们到家里来**做客**。

贝贝神探看看流淌的河水,说:"我们就不去做客了,还是你到岸上来吧,我们想向你了解一些情况。"

河狸放下电话,很快就来到岸边。贝

贝神探和球球也下了车,大家一起坐在草地上,球球打开随身携带的录音机。

河狸首先开口问道:"贝贝神探,您可是大忙人,今天有什么事需要我帮忙吗?"

贝贝神探**好奇地**问:"你的家为啥要建在河里?"

河狸笑嘻嘻地说:"你们还不知道吧,我们可是动物界中最伟大的**建筑师**。"

球球忍不住插嘴:"为什么?"

河狸自豪地说:"我们可不像其他动物那样有个窝就行了,我们的房子是上下两层的楼房,上层是卧室和餐厅,下层是通道。"

球球说:"我怎么看不出来?只看到水面上有一个馒头似的**土丘**。"

河狸指给球球看:"这馒头似的土丘就是二楼,它建在水上。一楼在水下。"

贝贝神探问河狸:"你的房子是怎样建造的?"

河堤决口谜案

河狸得意地说:"我先在河的下游建一条水坝,水坝会把流下来的水截住,在河里形成一个**小池塘**,我们的房子就建在这个池塘中间。"

贝贝神探问:"这样的房子会不会很闷气呀?"

河狸更得意了:"不闷气。我们在房顶上留

了一个出气孔。这个房子既通气，又保暖。"

贝贝神探不禁称赞道："看来，你们真不愧为最伟大的建筑师。"

河狸害羞地说："不好意思，让你们见笑了。原来你们是来了解我的**住房情况**的，太谢谢你们的关心了。"

贝贝神探说："这只是一部分，还有一件重要的事想问问你。"

河狸瞪大了眼睛："有什么事尽管问。"

贝贝神探问河狸："十天前，你是不是在上游挖过河堤？"

河狸点点头："是呀。当时我想把房子建在上游，刚动手，就发现那儿的水太浅，不适合建两层楼，所以就放弃了。"

贝贝神探继续问："你是不是在河堤处挖过泥土？"

河狸**眼睛瞪得更大了**："对呀，我要筑水坝，就得挖泥土。这应该没什么问题吧？"

河堤决口谜案

球球说:"这问题大着呢,你挖泥土不要紧,但你挖的是河堤的泥土。正是由于你在河堤上挖泥土,造成了河堤决口,把梅花鹿的粮仓都淹没了。"

河狸不相信地说:"不会吧,怎么会有这么严重的后果?!"

贝贝神探说:"球球没有骗你。那一段河堤比较薄,由于你挖了一个洞,这才造成堤岸经河水一冲击就决口了,把那片灌木林淹没了。"

河狸听贝贝神探这么一说,忍不住敲打自己的脑袋:"真该死!森林村能接纳我为居民,我真的很感激你们。本来一心想报答大家,谁知还没来得及报答,反而闯了一个大祸。嘿,这该怎么办呀?"

贝贝神探安慰河狸:"问题调查清楚就好了,你也不是故意的。"

河狸急得直打转:"可是,我怎样做才

气象神探贝贝狗系列

能弥补所犯的过失呢?"

贝贝神探想了想,说:"这样吧,我们已经把灌木林中的水抽干净了,你去把那个缺口修补好。怎么样?"

河狸一下子跳了起来:"行,应该的。我这就去修补河堤,一定要修得比原来的河堤更结实。"

贝贝神探说:"如果是那样,可能问题又来了。"

河狸奇怪了:"为什么?"

贝贝神探告诉河狸:"如果这一段河堤特别结实,那就会使整段河堤厚薄不均匀,更容易出现问题。"

河狸点点头:"我可不能再好心干坏事了,一定要把这个缺口修复的跟原来一样结实。"

谁是杀害小文鸽鸽的凶手

小艾妈妈突然身亡

森林村的小学开学了,其他小动物都**兴高采烈**地上学去了,只有黑猩猩小艾待在家里。只要妈妈一说让他去上学,他就哭,说什么也不肯离开妈妈,所以他一直是小朋友们嘲笑的对象,大家都取笑他是"娇气包"、"长不大的宝宝"。

小艾可不管别的动物说什么,他就是不想离开妈妈,他觉得离开**妈妈的呵护**,其他小动物就会欺负他,肚子饿了,也没有办法。就这样,小艾一直和妈妈在一起。

妈妈可不想小艾永远长不大,成为一个没用的猩猩。春天来了,小艾满2岁了。

谁是杀害小艾妈妈的凶手

这天,妈妈一边给小艾整理毛发,一边说:"小艾,你已经长大了。"

小艾**急急忙忙**地说道:"没有,我还没有长大。"

妈妈摇摇头:"不,你已经2岁了。应该离开妈妈,自己去**成家立业**,闯天下。"

小艾哭了:"妈妈,妈妈,我不愿意离开您,求您别赶我走了。"

妈妈帮小艾擦干眼泪:"小艾,每个孩子长大后都要离开爸爸妈妈,去过自己的生活。别哭了,要坚强。"

小艾抱住妈妈:"妈妈,那以后我们是不是再也见不到面了?"

妈妈笑了:"傻孩子,怎么会呢,以后有空,你还可以经常回家来看妈妈。"

小艾**无可奈何**地点点头说:"那好吧,我是不是等到下个月再离开。"

妈妈摇摇头:"不,你现在就离开家。"

小艾一听,两眼泪汪汪的:"我自己能

到哪儿去呢？"

妈妈**坚定地**说："不要犹豫了。你可以先在树林中的一棵大树上住下，然后动手给自己盖房子。等房子盖好后，你就可以住进去了。"

小艾听妈妈说到这个份上，知道再说什么也没有用了。于是，提着自己的东西，一步三回头地离开了自己熟悉的家，离开生养自己的妈妈。

小艾离开妈妈时，心里有太多的牵挂，妈妈的年纪比较大了，身体又不好，自己不在她的身边，生病了怎么办？有谁欺负她怎么办？于是，他暗暗下定决心，以后一定要经常回家来看妈妈。对，每周来看她一次，应该是没有问题的。

想到这儿，小艾的心情似乎变得轻松了一些，他**毅然决然**地向森林村东南面的大森林走去。现在是春季，鲜花盛开，绿叶、绿草生长得很茂盛，就是住在大树上，心情

谁是杀害小艾妈妈的凶手

一样会很不错的。

小艾自己动手,**忙忙碌碌**地盖房子,盖了三个多月,直到秋季才把房子建好。这一段时间,他每天除了盖房子,就是解决自己的吃饭问题。虽然心里一直牵挂着母亲,但由于太忙了,三个多月只回过一次家。

现在一切都安顿好了,小艾决定实现自己的诺言,每周回家看妈妈一次。每次回家,小艾都会给妈妈带上一些好吃的食物。尽管妈妈每次都说自己不缺吃的,不让小艾带食物,但小艾带食物**孝敬妈妈**的心始终没有改变过。

秋天在越来越强盛的西北风的推动下,走下了季节的舞台。冬天来了,天气变得越来越冷。特别在每次冷空气来过以后,天气会变得更寒冷。但小艾仍然坚持每周来看妈妈一次。又一次的强冷空气来过之后,又到了看妈妈的日子了,小艾**兴冲冲地**提着一锅热气腾腾的肉汤来到妈妈家。

气象神探贝贝狗系列

但到了家门口时,却不见妈妈出来迎接自己。这可是有些反常,以前,每次回家,妈妈都算好了时间,站在家门口迎接自己。为什么今天没有看到妈妈的身影,这是怎么回事?难道妈妈生病了?小艾**三步并作两步**奔进家门。房门是虚掩着的,小艾顺手推开房门,只见妈妈躺在门边没有动静。

小艾把装汤的保温瓶往地上一放,就去推妈妈:"妈妈,妈妈,您怎么躺在门边睡觉?您哪儿不舒服?"

妈妈没有回答小艾的问题,紧闭的双眼也没有张开。小艾又用力摇晃妈妈的身体,妈妈还是**没有反应**。这可把小艾吓坏了,他放声大哭起来。小艾的哭声把邻居们都吸引过来了。

大家七嘴八舌地问道:"小艾,你怎么了?"

小艾趴在妈妈的身上:"你们快来帮帮我的忙,救救我妈妈吧!"

谁是杀害小艾妈妈的凶手

负责黑猩猩小区管理工作的老云挤上前来:"你妈妈怎么会**躺在地上**?"

小艾:"我也不知道,我进门时就看见妈妈躺在这儿。我怎么叫她,她也不答应。"

老云连忙掏出手机,拨打咪咪的电话:"咪咪法医,赶快到黑猩猩小区,小艾的妈

妈出问题了。"

小艾不同意解剖尸体

接到电话的咪咪法医坐上宝宝的车赶紧驶往黑猩猩小区，汽车一直开到小艾妈妈家的门前才停下来。在场的黑猩猩赶紧给咪咪法医腾出了地方，咪咪法医二话没说，直奔躺在地上的小艾妈妈，先进行生命体征检查，发现小艾妈妈已经死亡，咪咪向大家宣布了这个**不幸的检查结果。**

小艾不相信地抓住咪咪法医的手："你胡说，我的妈妈不会死的。上个星期我来看她时，她还是好好的，怎么可能会死？我不信！您一定要救活她。"

咪咪法医摸摸小艾的头说："小艾，你一定要节哀。你妈妈真的已经死亡了，我有

谁是杀害小艾妈妈的凶手

心救她,也无力回天呀。"

小艾还是抓住咪咪法医的手不放:"**我不信!我不信!**您一定有办法救活她。"

站在小艾身边的老云用力掰开小艾的手:"孩子,咪咪法医的医术你还信不过吗?"

小艾缩回自己的手说:"我没有不信任咪咪法医,是想救回我的妈妈呀。"说完又大哭起来。

咪咪法医说:"这样吧,我把你妈妈的遗体先运回工作室,解剖一下看看死亡原因是什么?"

小艾一听就急了:"我不允许你们动我妈妈的遗体。我要贝贝神探来破案,让他查出杀害我妈妈的凶手。"

咪咪法医说:"如果不知道**死亡原因**,贝贝神探也无法破案啊。"

小艾仍然大哭道:"我不管,我就要求

气象神探贝贝狗系列

你们破案。"

老云在一旁安慰小艾:"小艾,咪咪法医说的有道理,咱们应该听从他的安排。"

小艾边哭边叫:"**不听!不听**!除非他还我一个妈妈。"

咪咪法医在一旁**无可奈何**,掏出手机给贝贝神探打电话:"贝贝神探,您是否现在来一下黑猩猩小区,小艾的妈妈突然死亡,他希望您能找出凶手。"

接到电话,贝贝神探和球球立即赶往黑猩猩小区。到现场一看,围观的群众太多了。球球赶紧上前,叫围观的群众退到半径50米以远的地方。随后,贝贝神探和球球来到小艾妈妈的房屋前,只见小艾的妈妈躺在靠近房门的地上,脸带紫色,身体已经有些僵硬。小艾正趴在妈妈的身上哭泣,老云和咪咪法医站在旁边,**一脸的无奈**。

球球掏出相机,先把小艾拖到一边,然后对遗体从不同的角度进行拍摄。

谁是杀害小艾妈妈的凶手

　　贝贝神探走向咪咪法医，询问小艾妈妈死亡的原因。

　　咪咪法医摇摇头："从表面上看，看不出死亡的原因。而小艾又不同意解剖遗体。"

　　贝贝神探走到小艾跟前说："让妈妈一直躺在地上，是不是对她太不敬了？要不，我们先把她抬到床上，让咪咪法医站在床边

仔细检查，好吗？"

小艾听贝贝神探这么一说，也觉得让妈妈躺在地上，确实对她不尊敬。便点点头，和球球、老云一起，把妈妈的遗体抬到床上。

咪咪法医对遗体进行检查后，认为很多工作没办法进行下去。因为很多尸检的仪器和药水无法带过来。咪咪法医与贝贝神探商量后，把情况跟小艾说清楚。小艾这时也觉得应该**协助破案**，就同意咪咪法医把妈妈的遗体运到侦探所进行解剖。同车带回去的还有球球在房间内采集到的食物、饮用水样品，以及室内空气的样品。

球球继续在房屋内和室外到处拍照，寻找**可疑线索**。贝贝神探则是和小艾坐在一起谈话。

贝贝神探问小艾："小艾，你知道妈妈有什么毛病吗？"

小艾瞪大了眼睛："我妈妈的身体可健康了，能吃、能睡，胖乎乎的，哪有什么毛病？"

谁是杀害小艾妈妈的凶手

贝贝神探又问:"你上次是什么时候来看你妈妈的,她当时的情况怎么样?"

小艾一听又哭了:"我上个星期来看过妈妈,当时她的**身体好得很**,还吃了我带来的一大块肥肉。"

贝贝神探换了一个话题:"那你知道妈妈跟谁有矛盾吗?"

小艾红着眼睛说:"我妈妈见谁都三分亲,不会跟人有矛盾。"

球球在一旁插话:"你不是口口声声要贝贝神探找凶手吗?"

小艾争辩道:"妈妈今天不会无缘无故地死去吧,如果没有人害她,她怎么会死?"

谁是小艾妈妈的仇人

贝贝神探制止住球球想继续争辩下去的企图,问小艾:"你好好回忆一下,妈妈是不是与谁结过怨?"

小艾皱着眉头想了想,然后拍了一下脑袋说:"我想起来了,上次我回家看妈妈时,她跟我说,她和住在小区东边那个角落的花猩猩吵了一架。"

贝贝神探问:"知道是什么原因吗?"

小艾说:"因为妈妈在东边的枣树上采枣子吃时,花猩猩想赶她走,不让她吃。"

"后来呢?"

这时,站在旁边听他们谈话的,负责黑猩猩小区工作的老云赶紧说:"这件事我知道。花猩猩想把自家门前这棵枣树据为己有,不想让其他的猩猩来采枣子吃。小艾的妈妈可不吃这一套,所以她们就打了起来,小艾的妈妈骂花猩猩是混血儿,花猩猩骂小艾的妈妈是大肥婆。"

贝贝神探问:"最后怎么收场的?"

老云说:"很多猩猩上前把她们拖开

谁是杀害小艾妈妈的凶手

了。大家批评花猩猩太**自私**,以后不准他独占那棵枣树。因为小区的树是大伙一块种的,谁都有享受劳动成果的权利。"

贝贝神探接着问:"以后她们还打过架吗?"

老云说:"好像没有。自从那次打过架,

受到大家的批评以后，花猩猩就不再那么自私了。"

小艾想了想，说："会不会是花猩猩故意装出来的假象，而躲在暗地里害人。因为是我妈妈跟她打过架以后，才让她挨了大家的批评，难道她不想报复我妈妈？"

球球在一旁插嘴："有道理。贝贝神探，我们应该立即拘捕花猩猩。"

贝贝神探对球球说："别着急，问题还没有搞清楚就拘捕人，太草率了。"

球球还是不死心："那我去把花猩猩带到这儿好吗？"

贝贝神探想一下说："行，先看看她来了没有？"

老云看了一下周围的观众："没有，她住得比较偏僻，可能还不知道发生了什么事。"

贝贝神探对球球说："球球，那你去把花猩猩请来。语气要客气一些，在问题还没

谁是杀害小艾妈妈的凶手

有调查清楚之前,她只是一个被询问的对象。"

球球点点头,坐上已经回来的汽车,朝小区东边驶去。不一会儿,花猩猩就和球球一起坐宝宝开的车来了。

贝贝神探上前迎接她:"花猩猩,不好意思,把你请来,是想向你了解一些情况。"

花猩猩说:"我一向独居,不太喜欢与谁交往,知道的事情不多。不知道你想了解什么情况。"

贝贝神探指指小艾说:"小艾的妈妈死了。"

花猩猩一听就叫了起来:"不会吧,小艾妈妈死了?怎么死的?她身体那么棒,怎么会突然之间死掉呢?"说完,眼泪就哗啦啦流了下来。

贝贝神探问:"这两天你和她见过面吗?"

花猩猩摇摇头:"没有。我不喜欢串门,

从来没到过谁的家,除非在路上碰面。"

贝贝神探又问:"最近,你和她有没有在路上碰过面?"

花猩猩想了一下:"最近好像没有碰到过她。"

小艾插嘴道:"我不信。你和我妈妈吵过架以后,就没有想办法报复她?"

花猩猩有点**不高兴地**对小艾说:"你这个孩子怎么这样说话。上次和你妈妈吵架是我不对,我不该那么自私。我已经认了错,怎么还会去报复你妈妈?"

小艾气呼呼地说:"你不要嘴上一套,行动上又是一套。"

花猩猩伤心地说:"小艾,我知道,因为在黑猩猩小区,我的毛色不一样,大家一直瞧不起我。但我并不是坏人,绝对不会害人的。"

说完,花猩猩蹲在地上,伤心地大哭起来。贝贝神探让球球去把花猩猩扶起来。

谁是杀害小艾妈妈的凶手

贝贝神探**安慰**花猩猩:"花猩猩,我们并没有说你是凶手,只是找你来了解一下情况。别难过。"

花猩猩哭着说:"我哭,一是为小艾妈妈的死难过,另外,就是为自己这身**与众不同**的毛色难过。"

贝贝神探安慰她:"毛色是由父母的基因决定的,又不是你故意染的,并且,我觉得你的毛色很漂亮,不需要难过。"

花猩猩听了贝贝神探的话,破涕为笑:"谢谢你的**夸奖**,不管你说的是真话,还是客套话,这是我听到的最令我高兴的话。"

贝贝神探说:"你的毛色真的很漂亮。好了,你可以回家了。如果有什么事,我们会再找你的。"

花猩猩轻轻点点头,然后抚摸了一下小艾的头:"小艾,别太伤心了,你有什么需要帮忙的事,尽管来找我。"

小艾不好意思地和花猩猩握了一下手:

"对不起,我刚才说话的态度不好。"

花猩猩说了一声"没关系"后,就回家去了。

强冷空气和小艾是凶手

贝贝神探见现场没有什么可供破案的线索,就和球球一起离开了黑猩猩小区,回侦探所了。

回到办公室,贝贝神探先看了一下有关食物、水和空气质量的检测结果,一切正常,里面不含有毒、有害的物质,也没有什么被污染的迹象,这就排除了有人投毒的可能性。

随后,贝贝神探拿起了尸检报告,哦,原来小艾的妈妈是死于心肌梗死。

贝贝神探回忆起曾经学过的天气与健康的知识:冠心病或者高血压患者,在气温骤

谁是杀害小艾妈妈的凶手

降、天气寒冷时，会引发急性心肌梗死。

他又上网查了一下气象观测资料，前一段时间，森林村的平均气温比常年同期偏高了2摄氏度左右，可是，从前天开始，一股很强的冷空气侵袭了森林村，带来了14℃的降温。降温幅度这么大，看来凶手应该是**强冷空气**。

想到这里，贝贝神探掏出手机给小艾打电话，让他到侦探所来一下，并告诉他害死他妈妈的凶手已经找到了。

听说**凶手**找到了，小艾三步并作两步往侦探所赶，来到贝贝神探的办公室，他累得都快要瘫倒了。

球球赶紧上前扶住他，并让他坐到一把椅子上。

贝贝神探倒了一杯茶，送到小艾跟前：

"**别着急**，先喘一口气，喝杯水再说。"

小艾推开贝贝神探递过来的杯子，东张

气象神探贝贝狗系列

张,西望望。

球球拍拍小艾的胳膊:"喂,小艾,你在找什么?"

小艾颇有些失望地说:"不是说抓到凶手了吗,在哪儿?我怎么没看见?"

贝贝神探让球球把咪咪法医叫过来,自己则坐在小艾的身边:"别着急,等咪咪法医来了,你就会知道凶手是谁了。"

小艾睁大了眼睛:"难道凶手是咪咪法医?"

贝贝神探大笑:"小艾,你的想象力真强。咪咪法医是一个治病救人的医生,可不是杀人凶手。"

小艾不好意思地拍拍自己的头:"对不起。"

正说着话,球球和咪咪法医走了进来。

贝贝神探对咪咪法医说:"咪咪法医,你把小艾妈妈的尸检结果告诉他吧。"

咪咪法医推辞:"还是您告诉他合适。"

贝贝神探笑着说:"你是医生,能讲清

谁是杀害小艾妈妈的凶手

楚他妈妈的病情,我可是外行。"

咪咪法医笑了笑说:"那我就不客气了。"说完,在小艾面前坐了下来。

咪咪法医拉过小艾的手:"小艾,你妈妈是突发心肌梗死死亡的。"

小艾不相信地甩开咪咪法医的手:"**不可能**,我妈妈的身体那么好,胖乎乎的,哪有什么病?"

咪咪法医说:"不要以为你妈妈胖,身体就好。其实,她早就患有高血压和冠心病。"

小艾还是不相信:"不可能。我怎么不知道?"

咪咪法医转身,从办公桌上的电脑中调出小艾妈妈的病历让他看。果然,小艾妈妈的患高血压病已经有十年之久,近几年又患上了冠心病。

看过电脑上的资料,小艾**不好意思地**

气象神探贝贝狗系列

说:"我对妈妈的关心太少了。从小只会要妈妈照顾我,没有想过要好好照顾妈妈。不过,我还有件事不明白,为什么妈妈的皮肤是**紫色的**?难道不是中毒吗?"

咪咪法医告诉小艾:"急性心肌梗死发作后,会在数小时、数分钟,甚至瞬间停止心跳,血液循环也会跟着立即停止,患者会出现绀紫现象。"

"为什么我上个星期回来看妈妈时,她身体还很好呢?"

"她是急性发作时去世的,所以在之前是没有什么**症状**的。"

小艾回忆道:"我上次回来,还给妈妈带来许多肥肉,她吃得可香了。"

咪咪法医说:"其实,你这样的孝顺等于害了她。"

小艾不解地问:"为什么?我妈妈就喜欢吃肥肉,我带给她吃还不算**孝顺**?"

咪咪法医摇摇头:"高血压、冠心病患

谁是杀害小艾妈妈的凶手

者饮食很重要,要吃清淡一些的食物,多吃蔬菜、水果,少吃高脂肪、高糖的食物,并且千万不能暴食和饱餐。"

小艾心中一惊:"哎呀,那天妈妈一下子吃了很多的肥肉,撑得她只打饱嗝。"

贝贝神探补充说:"这次强冷空气过境,气温下降很厉害,这也是造成你妈妈

猝死的因素。"

小艾吃惊地问："**气温下降**也是害死我妈妈的凶手？"

贝贝神探告诉小艾："冬季，心肌梗死的发病率占到全年发病率的50%左右。"

小艾问："为什么？"

咪咪法医解释给小艾："当气温降低时，人体全身毛细血管收缩，血液循环会出现障碍，直接影响到心脏的血液供应，造成心肌缺血、缺氧。加上机体受冷空气刺激后，冠状动脉也会发生问题，这些都会诱发心肌梗死。"

小艾既悲伤，又懊悔地说："原来凶手就是强冷空气和我自己呀！"

贝贝神探问："**为什么说是你**？"

小艾的眼泪哗啦啦地流了下来："如果上星期来看妈妈时，没有给她带肥肉就好了。"

贝贝神探说："这不能怪你。你是一片孝心，并且又不懂得这些**医学道理**。别太自责

谁是杀害小艾妈妈的凶手

了。"

小艾哭着说:"总而言之,我也有责任。"

贝贝神探安慰小艾:"责任应该由强冷空气来负。不过,我们也不能抓住它来审判,只能是自己多学一些医学保健知识,避免此类现象的再次发生。"

咪咪法医点了点头:"看来,我也要负一点责任。平时应该给大家多讲一些最基本的医学常识,以及常见病的**预防保健知识**。"

小艾说:"对,咪咪法医,你讲课的时候一定要告诉我,我会好好听课的。我还要和其他朋友一块去上学,多学文化知识。"

贝贝神探说:"你们俩的想法很好。只有加强学习,森林村的居民才能够**健康快乐地生活**。"

疾风暴雨中的惨案

疾风暴雨中的惨案

残疾猴子最开心的一天

猴子东东家可真是人丁兴旺，这不，大儿子大东刚满2岁，小儿子二东又来到了世上。不过，这世上的事真是很难**十全十美**。二东虽然胖墩墩的，又很聪明，但也不知哪个基因出了问题，他头上少了一只耳朵不说，两只手还一只长，一只短，短的只有长的一半。猛的看起来，还真让人有些不太舒服。

本来，按照动物**优胜劣汰**的原则，二东是要被淘汰的，可东东舍不得，他觉得二东也是一条鲜活的生命，并且，除了有些身体外表的缺陷外，其他的都还不错，特别是脑袋很聪明，家里人都很喜欢二东。

气象神探贝贝狗系列

但二东因为身体的缺陷，一直不敢走出家门和其他小朋友玩，就怕别人嘲笑他。

这天上午，天气很**闷热**，森林村气象站预报说中午前后到傍晚有雷阵雨。不少居民都到海边泡**海水浴**，二东也想去，但又不敢去。东东让大东带弟弟去海边玩，二东说什么也不肯去。

可是这种天气空气湿度大，气温高，体内的热量排不出去，真的很难受。

大东跟弟弟说："我知道一个地方，可偏僻了，没有谁会去那里玩。我就带你去那里吧。"

二东想了一下问："也是海边吗？"

大东见弟弟有想去的念头，便**高兴地**说："对，也是海边。不过那里的地形比较复杂，有很多的礁石，所以去的动物不多。"

说完大东便牵着二东的手，向他说的那个偏僻海边走去。一路上，二东一直躲躲闪闪，尤其见到森林村的居民，就往哥哥身后

疾风暴雨中的惨案

躲。就这样一路躲闪，好不容易才来到位于森林村北边的海边。

这儿确实很僻静，海岸乱石嶙峋，悬崖峭壁耸立，让人产生望而生畏的感觉，难怪没有谁爱来这儿玩。

但二东很高兴，在这里，既可以泡海水浴去热气，又不用担心会有人嘲笑自己。

可大东却有些不开心，在这儿玩水太寂寞了，除了弟弟，再没有谁可以和自己游戏、玩耍。并且，和弟弟玩还要特别小心，万一惹得弟弟生气，自己的麻烦可就大了。若让老爸知道，自己还得挨一顿饱揍。

平时在家里，大东对弟弟是谦让有加，从不敢和弟弟争吃的、抢玩具。在家里，弟弟就是太上皇，因为他的身体缺陷，谁都让他三分。所以和弟弟在这儿玩水，大东觉得没劲到家了。

来到这里后，大东基本上没有下水，只是坐在石头上看着弟弟玩水，眼睛不时地朝

南面那朋友多、热闹的方向瞄上一眼。

别看二东在家被娇宠惯了,其实,他的心还是很细的,看见哥哥一副心不在焉的样子,他就知道哥哥不喜欢陪着自己在这儿玩。

二东从水中冒出头来,对大东说:"哥哥,你还是去那边和他们一起玩吧!"

大东摇摇头说:"不行,我不能把你丢在这儿,自己去玩。老爸知道了,非揍扁我不可。"

二东坚持说:"没关系,我自己在这儿玩更开心。放心吧,我不会告诉老爸的。"

大东高兴地说:"那我过去玩一会儿,很快就过来陪你。"

二东摇摇手说:"不用。现在都快中午了,那边山坡上有果树,我饿了就去采果子吃。等天黑了,我就自己回家,那时路上没有什么居民,也不怕谁嘲笑我了。"

大东想了想,觉得这样也行,就说:"那好,我就到那边去玩,你自己要注意安全。"边说边站起来,蹦蹦跳跳地朝南边

疾风暴雨中的惨案

跑去。谁知,这竟是他和弟弟的诀别。

二东从来没有这么自由自在地,在家以外的地方好好玩过,何况还是这么舒服的海边。他一会儿在海里玩水,用力把海水泼到岩石上,看着海水缓缓地从岩石上流到海水中。一会儿,又在岩石缝中寻找小鱼、小螃蟹。好不容易抓住一只大螃蟹,还叫螃蟹的大爪子给夹了一下。虽然有点疼,但二东却

气象神探贝贝狗系列

很开心。玩累了,就趴在岩石上休息。

二东趴在岩石上休息的时候,突然听到**一种很奇怪的声音**。声音好像来自自己的身体里面,又好像来自岩石。这种声音有时有,有时又无。二东好奇地左听听,右看看,歪着头想了好久才明白过来,原来是自己的肚子发出的**饥饿信号**。

二东赶紧离开海边,朝不远处的小山坡跑去。刚才来的路上,他就发现了那片荔枝林。由于这儿比较偏僻,来的动物少,树上的**累累果实**,并且大多数都已经成熟,自己可以爬上去吃个饱。

二东来到荔枝树下,三下五除二爬上树就大吃起来。说老实话,玩了好几个小时,肚子饿了不说,就是肚子不饿,看见这一串串红红的荔枝,谁都会忍不住大开吃戒的。

几大串荔枝下肚,二东就再也没有听到肚子咕咕叫的声音了。看着自己饱得有点鼓起来的肚皮,二东觉得这是自己活到这么大

疾风暴雨中的惨案

最开心的一天。

残疾猴子电闪雷鸣中遇害

但是,二东太小了,他不知道现在危险正在**一步步地**向自己靠近。一个残害小猴子的红狒狒正在附近休息,二东吃荔枝的声音惊醒了他。

二东吃饱荔枝后,就跳下大树,朝海边蹦跳而去,来到海边就**迫不及待**地又跳到海水里玩耍。可能是吃得太饱的缘故,他一活动就打嗝。没办法玩下去了,还是先休息一会儿吧。二东爬上岩石,闭上双眼休息,不一会儿就睡着了。

这时,一个黑影正趴在悬崖上窥视着二东,他就是在荔枝林附近休息的那只红狒狒。二东吃荔枝的声音惊动了红狒狒,他顺

气象神探贝贝狗系列

着声音发现并跟踪了二东。

突然,刚才还晴朗的天空乌云翻滚,电闪雷鸣。一声落地雷似乎就在峭壁旁炸开了,**震耳欲聋**的雷声,把二东吓得直往岩石下滚。不幸的是,二东在往下滚的过程中,脑袋撞击在高低不平的石头上,晕了过去,摔倒在沙滩上。

积雨云把天空笼罩得一片漆黑,东东见二东还没有回家,就和大东及几个要好的朋友来到了这片沙滩上。虽然下雷阵雨时的天空与黑夜一样**黑漆漆的**,但在闪电的那一刻,他们还是发现了躺在沙滩上的二东。眼力不错的大东还模糊发现一个朝悬崖上爬的黑影。

此时,大家的注意力全集中在二东身上,没有在意谁会在雨天爬悬崖。大家围在二东的身边,想把他扶起来,可是二东的身体软绵绵的,一点劲儿也没有。东东借着闪电的亮光,发现二东的脖子正在**不停地流着血**。

东东一边用手捂住二东的伤口,一边让

疾风暴雨中的惨案

大家快打电话,让咪咪法医赶来急救。咪咪法医接到电话后,立即带上急救药品,坐车赶了过来。

咪咪法医冒着大雨来到二东身边,用激光手电一照,只见二东躺着的地方,周围的沙子都被血染红了,虽然东东捂住了二东的

伤口,但仍无济于事,血液还是不停地从伤口处流出来。

咪咪法医经过初步诊断后,跟东东说:"二东的生命体征已基本消失,你要有思想准备。"

东东用空着的一只手抓住咪咪法医:"咪咪法医,求求您一定要救孩子一命。他来到这个世上还不到两年,还没有尝到生活的乐趣,只有苦涩伴着他,现在竟然连命都要保不住了,求您救救他吧!"

咪咪法医难过地轻轻拍拍东东的手说:"我会尽力抢救二东的。不过,他的情况太糟糕了,我真的回天无术呀。"

说着,咪咪法医把氧气罩罩在二东的嘴上,并给他打了一针止血针。然后让东东松开捂住伤口的手,准备来处理伤口。

东东把手拿开后,咪咪法医在手电光的照射下发现二东伤口的形状很奇怪,便问东东:"二东脖子上的伤口是怎么弄的?"

疾风暴雨中的惨案

东东想也没有想，就回答道："应该是从悬崖上摔下来，被岩石擦伤的吧。"

咪咪法医摇摇头："不对，他的伤口不大，但很深，已经扎破了颈动脉。"

东东不相信地说："不会吧？沙滩上哪有什么能扎破脖子的东西，肯定是被岩石刮伤的。"

咪咪法医："赶快打电话，让贝贝神探过来。我认为这伤口有问题。"

东东一听吓坏了，赶紧让小灵猫给贝贝神探挂电话。接到电话的贝贝神探和球球赶紧坐上另一辆风能小汽车直到海边。

咪咪法医站起来走到贝贝神探的身边，**小声地**说道："贝贝神探，我检查了二东的伤口，不是擦伤或刮伤，应该是咬伤。伤口深及颈动脉，已经快不行了。"

贝贝神探来到二东身边，想向他询问一些情况，但二东不仅颈动脉被咬伤了，就连

喉管也被咬断了，根本无法回答贝贝神探提出的问题。他挣扎着用手指了指悬崖，头一歪就死了。东东和大东见二东就这样离开了他们，忍不住趴在他的身上**大哭起来**。

贝贝神探和球球打开激光手电筒四处寻找线索，但狂风把海水不断地推到海岸上，海水又**义无反顾**地从海岸流回海洋。沙滩被海水冲刷得平平整整的，根本找不到任何可疑的痕迹。在二东躺着的那片沙滩上，则印满了前来寻找他的亲朋好友的足迹，即使有凶手的足迹，也被这些足迹所掩盖，肯定找不到任何有价值的线索。

贝贝神探想了想，问东东："你们找到这里的时候，有什么不寻常的发现吗？"

东东想了一下回答道："当时正下着雷阵雨，四周**黑咕隆咚**的，我们是在闪电的时候发现海滩上有一团黑影，走到近处，才

疾风暴雨中的惨案

看清楚是二东。"

贝贝神探又朝在场的动物们问道:"你们有没有发现什么情况?"

大东说:"我们朝二东跑过来时,在闪电中,我好像看见有谁正在爬悬崖。"

贝贝神探立即问:"你看清楚是谁了吗?"

大东摇摇头:"没有,我是在闪电时,模模糊糊看到一个影子在悬崖上往上爬。闪电一闪就过去了,黑黑的什么也看不清了。当时只想着我弟弟,也没管那么多。"

贝贝神探点点头,让东东帮忙把二东抬上汽车。然后对咪咪法医说:"你们先回去,**仔细检查**一下二东的身体,看看有什么线索。"

咪咪法医二话没说,载着二东的尸体及东东和大东就先走了。其他的人在球球的劝说下,也离开海滩回家去了。

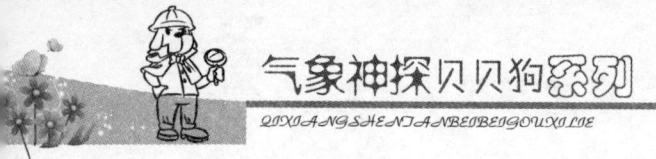

悬崖上的黑影是谁

贝贝神探和球球朝悬崖走去,此时,雨还在下个不停。贝贝神探用激光手电照亮了悬崖,岩石在雨水的冲刷下变得光亮亮的,这要让一般的动物往上爬,还真是不容易。必须要有尖利的爪子才能爬得上去,这无形之中就把搜索的范围缩小了,因为只有那些善于攀爬的动物,才有可能爬上这么陡峭且湿滑的悬崖。

之后,贝贝神探和球球又围绕着悬崖开始搜索,在悬崖北面一块突出的岩石下面,发现了一个比较浅的山洞。由于雷阵雨时刮的是东南风,所以这个小山洞没有受到雨水的直接冲刷,洞内的沙子还显得比较干燥。

球球看见山洞就想往里面钻,在大风大雨中已经待了好几个小时,真有点受不了

疾风暴雨中的惨案

啦。好不容易遇到一个能遮风**避雨的山洞**,进去休息一下有多好。

但球球的行动很快就被贝贝神探给制止了,因为在激光手电的照射下,贝贝神探发现山洞的沙地上清楚地印着几个脚印。

被贝贝神探挡了一下之后,球球也注意到了这几个足迹。他兴奋地从工作箱中掏出速干成型塑胶液,在发现的足迹上倒上塑胶液,很快就把足迹给拓下来,并装进了证物袋。

足迹收集好之后,贝贝神探和球球走进山洞,在沙地上坐了下来。贝贝神探心想:山洞里出现**足迹**,说明被大东看见的那个黑影开始是躲在这个山洞中的,后来,怕被发现,才冒着狂风暴雨爬到悬崖上去的,这个影子是谁呢?

休息了一会儿,贝贝神探和球球离开山洞,坐上风能小汽车回到侦探所。

贝贝神探没有回自己的办公室,而是直

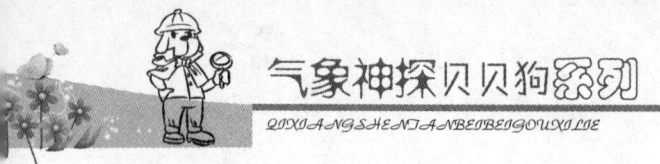

接来到咪咪法医的**工作室**。工作室外，东东和大东还待在那儿。

看见贝贝神探，东东赶紧站起来问道："贝贝神探，查到**凶手**了吗？"

贝贝神探摇摇头说："你们还是先回家休息吧。有结果，我会立即打电话告诉你的。"

东东想了一下，觉得待在侦探所也不是办法，说不定还会妨碍贝贝神探工作，于是就牵着大东的手回家了。

贝贝神探来到咪咪法医跟前，把采集到的足迹拓模拿给他，并询问了一下尸检结果。

咪咪法医拿出尸检报告交给贝贝神探："二东是被其他动物咬死的。我已经把伤口的**牙齿印**拓出来，到时候可能用得上。"

说完，咪咪法医把贝贝神探拿来的足迹拍照后，扫描到电脑上与足迹数据库中的动物足迹进行比对。结果很快就出来了，与猴子、猩猩和狒狒的足迹相吻合。他们的足迹看起来好像是两个手掌一上一下印在一起，

疾风暴雨中的惨案

上面一个手掌上有四个手指头,下面那个手掌伸出一个大手指,**毫无疑问**,这就是灵长类动物的足迹。

咪咪法医跟贝贝神探说:"应该不是猴子家族干的,因为死的就是小猴子。并且,猴子多以树叶和果实为食物,不会因为食物短缺而**相互残杀**的。"

气象神探贝贝狗系列

贝贝神探说:"嫌疑犯的范围可以缩小到猩猩和狒狒身上了。"

咪咪法医建议:"我们可以让大猩猩和大狒狒来侦探所留下牙齿印。"

贝贝神探点点头:"行。等天亮之后,让球球去把成年的猩猩和狒狒带到侦探所来。不过,为数不少的猩猩和狒狒够你辛苦一天了。"

咪咪法医摇摇头:"没关系。看到二东被咬死的惨状,我心里很难受,一定要把罪犯揪出来,还二东一个公道。"

贝贝神探点点头:"好。我们一定要把那个**凶残**的家伙抓住。现在离天亮已经没有几个小时了,大家先休息一下,明天还有很多重要的工作等着我们去做。"

说完,就和球球离开咪咪法医的工作室,回房间休息了。

因为担心狒狒和猩猩会出门去,第二天一大早,球球便赶到猩猩小区和狒狒小区,

疾风暴雨中的惨案

找到那里负责的猩猩和狒狒,让他们通知小区的成年居民到侦探所会议室开会。由于怕有些居民不肯留齿印开溜,所以球球没有把真实的意图告诉他们。

当森林村所有的成年猩猩和狒狒来到侦探所会议室后,早已等候在那里的咪咪法医从保洁袋中拿出准备好的速干齿模软胶,让在场的猩猩和狒狒咬一下软胶,留下自己的牙齿咬痕。每个猩猩和狒狒的牙齿咬痕都分别装在一个小盒子里,并贴上写有姓名和地址的标签。

正当前面几个留下咬痕,准备离开之时,突然,在等待的猩猩和狒狒群中发生了骚乱,只听到有几个**乱哄哄**的声音在叫嚷:"凭什么让我们留下牙齿咬痕,这是侵犯动物权,我们不干!""我们不干!"

听到吵闹声的贝贝神探赶紧从办公室跑到会议室,一片"不干""不干"的叫声,把他的耳朵都要吵聋了。

气象神探贝贝狗系列

贝贝神探从墙壁上取下通知开会用的嗡嗡祖拉喇叭，用力吹了一声。近距离地听到这么刺耳的喇叭声，吓得大家马上鸦雀无声了。

贝贝神探这才开口说道："你们都是森林村的居民，你们难道不喜欢拥有一个平安的生活环境吗？"

猩猩和狒狒们你看看我，我看看你，然后都摇摇头。对呀，谁会愿意生活在一个充满危险的环境中，成天提心吊胆地生活，那多累呀。

贝贝神探见大家摇头，就说："对呀，我们想要一个安全的森林村，就必须侦破这件凶杀案件。只有把凶手抓出来，我们才会有平安。"

听了贝贝神探的这番话，猩猩和狒狒都主动走到咪咪法医的跟前，要求留下自己的牙齿咬痕。

不过，也有不愿意留咬痕的。球球站在

疾风暴雨中的惨案

门边，留心每一个离开的猩猩和狒狒。一只名叫汉汉的狒狒**匆匆忙忙**朝门口走去，他的神情看起来好像有点紧张。球球挡住了他的去路，询问他是否留下了咬痕。

汉汉头也不抬地回答："已经留下了。我有事要赶回家去。"

这时，另外一只留了咬痕印的狒狒走过来拍拍汉汉："汉汉，你还没有留下咬痕就想走？"

谁咬死了残疾猴子

被揭了老底的汉汉**无可奈何**地走到咪咪法医跟前，留下了自己的咬痕。比对咬痕的结果很快就出来了，正是汉汉的。

拿到结果的贝贝神探带着球球来到狒狒小区，当他们靠近汉汉的房屋时，只听到

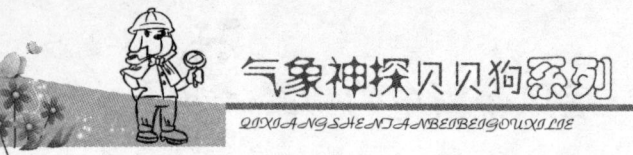

"噗"的一声，贝贝神探和球球赶紧趴在地上，一颗子弹射到他们身旁的地上。

贝贝神探反应**敏捷地**掏出烟幕弹朝汉汉的房屋扔过去，很快，一大团浓浓的烟雾笼罩住了汉汉的住房，阻挡住了汉汉的视线。贝贝神探和球球带上红外眼镜后，清楚地看见汉汉正趴在窗台上，手握一把猎枪，正在**东张西望**地寻找什么。

贝贝神探让球球把麻醉弹装进手枪，朝汉汉开了一枪，只听到汉汉"啊"了一声就从窗口消失了。贝贝神探他们冲进被烟雾罩住的房屋内，先铐住了躺在地上、已经昏迷的汉汉的双手，然后又在他的人中穴位上扎了一针。

汉汉很快就从昏迷中清醒过来，看见自己的双手被反铐，就破口大骂："你们是什么侦探，竟敢**暗箭伤人**。"

球球反驳道："是你暗箭伤人，还是我们暗箭伤人？我们只是来向你询问一些问

疾风暴雨中的惨案

题,你竟敢开枪杀我们。不是我们躲得快,现在躺在地上的就是我们的尸体了。"

汉汉不服气地说:"你们为什么要扔烟幕弹?"

球球大声说:"如果不用烟雾,你现在还能活着和我们说话吗?贝贝神探是神枪手,要一枪命中你,**不费吹灰之力**。"

看汉汉哑口无言,球球又说:"我现在以袭警罪逮捕你。"

说完把汉汉从地上拖起来,押往侦探所。一走进侦探所贝贝神探的办公室,汉汉便一屁股坐在地上,随后又翻身跪在地上不停地磕头。

汉汉嘴里不停地说:"饶了我吧,我不是故意要袭警,昨天晚上我喝了很多白酒,醉了,今天发酒疯才向你们开枪的。你们就**大人不记小人过**,放了我吧。"

球球气得用力拍了一下桌子:"汉汉,不要演戏了。告诉你,没有掌握你的犯罪证据，是不会去找你的。你以为打死我们，你就可以逃避法律的制裁？做你的大头梦吧。"

汉汉先是瞪大了眼睛，然后**泪流满面**地说："我是一时糊涂袭击了你们，求求你们不要制裁我，好吧？"

贝贝神探在一边也气得够呛："还想狡辩，你是杀二东在前，袭警在后。不要避重就轻，妄想**蒙混过关**。"

汉汉一听便大叫起来："你说什么杀二东，我听不懂。我与这件事**毫无关系**！"

贝贝神探把二东脖子上的咬痕，与汉汉在塑胶上留下的咬痕一起放在汉汉的面前："你自己好好看看，这两处咬痕完全相同。"

汉汉伸手想把自己的咬痕毁掉，球球正想制止他，贝贝神探伸手挡住了球球。

贝贝神探对汉汉说："别费劲了。这种塑胶是很难撕破的，它的弹性很好。并且，即使你把塑胶齿印破坏了，我们还拍了照片。"

汉汉听到这里，**垂头丧气**地坐在地

疾风暴雨中的惨案

上,抱着自己的脑袋。

贝贝神探掏出手机给东东拨了一个电话,让他全家来侦探所,还让球球通知灵长类的成年动物一起到侦探所来,也好给他们一个交代,并且还要对凶手进行**公开审理与宣判**。

大家到齐之后,贝贝神探当众宣布,凶手就是狒狒汉汉。

大东冲到汉汉跟前伸手想打他,被球球拦住了:"大东,不要冲动,让法律来制裁他。"

大东问汉汉:"我问你,二东玩水的地方很偏僻,你怎么会跑到那儿去的?"

汉汉**老老实实**地讲述,那天,他正在荔枝林里睡觉,二东吃荔枝的声音把他吵醒了。

他没有立即行动,是怕二东还有其他伙伴。在二东吃饱荔枝返回海边时,汉汉则尾随其后。

来到海边后,红狒狒汉汉经过仔细观察,发现周围并没有其他动物后,便大胆地

朝躺在岩石上的二东靠拢。

当他伸出手正要抓二东时，突然间一阵震耳欲聋的雷声把二东震得滚下了岩石。红狒狒想伸手捞住二东，但没有成功。

看见岩石下躺着的小猴子，红狒狒认为逮住了好时机。他**迫不及待**地从这块岩石跳到另一块岩石，终于跳到了沙滩上。看到眼

疾风暴雨中的惨案

前这个胖乎乎、细皮嫩肉的小猴子,他不顾一切地张嘴就咬,第一口就咬住了二东的脖子。

突然之间,比刚才更响的雷声在峭壁旁炸响,伴随雷声而来的不仅仅有大雨,好像还有呼喊"二东"的声音。红狒狒赶紧松开咬住小猴子的嘴,**慌不择路**地朝悬崖边跑去,看到一个山洞,便钻了进去。可是,这个山洞很浅,很容易被发现。

于是红狒狒就想爬上悬崖躲避大家。此时的悬崖可比晴天时难爬多了。崖壁滑溜溜的,好不容易爬上一步,说不定又会让雨水给冲下来两步。

当红狒狒在拼命往悬崖上爬的时候,东东他们已经来到沙滩上二东的身边,所以汉汉想吃二东的想法落空了。

听到这里,在场的动物们个个**义愤填膺**,都想冲上前去狠狠地揍这个凶残的汉汉一顿。而东东和大东没有动,他们悲伤地大哭起来,那声音让大家更是对汉汉**恨之入**

骨。

贝贝神探站起来制止住了大家："大家不要冲动，汉汉的行为确实可恨，但我们不能以暴力对待暴力，应该由法律来制裁这种恶汉。"

听了贝贝神探的话，大家安静下来，不过，东东和大东仍在哭泣，咪咪法医在一旁安慰他们。

贝贝神探说："今天是公开审理，如何处置故意杀人犯汉汉，大家都可以发表意见。"

大家纷纷发表意见，有的说应该枪毙他，有的说应该绞死他，有的说要把他沉入深海喂鱼。

贝贝神探总结了大家的意见后说："既然大家都同意杀人偿命，我们让咪咪法医给汉汉注射一剂毒针，让他为自己的罪行付出生命的代价，也给二东的亲朋好友一个交代。"

大家表示没有意见。至此，汉汉已经无话可说，他知道自己是罪有应得。